南京市红山森林动物园

随身携带的动物园

沈志军——主编

张立洋——绘

中信出版集团 | 北京

图书在版编目（CIP）数据

随身携带的动物园. 南京市红山森林动物园 / 沈志
军主编；张立洋绘. -- 北京：中信出版社，2024.8
　ISBN 978-7-5217-6570-0

Ⅰ.①随⋯ Ⅱ.①沈⋯②张⋯ Ⅲ.①动物园-南京
-少儿读物 Ⅳ.①Q95-339

中国国家版本馆CIP数据核字（2024）第092794号

编委会

主　　编：沈志军
副 主 编：陈园园　白亚丽
编　　委：杜颖　刘畅　马海燕　李俊娴

随身携带的动物园：南京市红山森林动物园

主　　编：沈志军
绘　　者：张立洋
出版发行：中信出版集团股份有限公司
　　　　　（北京市朝阳区东三环北路27号嘉铭中心　邮编　100020）
承 印 者：北京尚唐印刷包装有限公司

开　　本：889mm×1194mm　1/20　　印　张：2　　字　　数：80千字
版　　次：2024 年 8 月第 1 版　　印　　次：2024 年 8 月第 1 次印刷
书　　号：ISBN 978-7-5217-6570-0
定　　价：20.00元

出　　品：中信儿童书店
图书策划：好奇岛
策划编辑：潘婧　朱启铭　史曼菲　　　　特约编辑：孙萌　　　责任编辑：程凤
摄　　影：周莉娅　闫涛　卢杨
营　　销：中信童书营销中心　　　　封面设计：李然　　　　内文排版：王莹

与生命共情

南京市红山森林动物园（以下简称红山动物园），由大红山、小红山、放牛山三个区域组成。在中国动物园由传统动物园向现代动物园转型的大背景下，红山动物园紧跟国际发展趋势，在建园理念、动物福利提升、展示研究水平、公众教育等领域都发生了质的变化。

红山动物园的每一位工作人员都真心爱动物，他们会想方设法提升动物福利，尽量让它们在城市的家里也能住得像在野外一样舒适、自由……工作人员会努力去学习动物在野外的生活史、自然史、进化史，了解它们的野外生存状况，拥有什么样的生存本领，等等；也会仔细观察每一个动物，了解它们的身体状况、性格特点，还号召游客参与进来，比如记录熊馆的熊熊们的行为，以便保育员根据行为记录改进丰容措施，调整熊熊们的异常行为。

我们主张给动物好的福利，并不是说让它们衣来伸手、饭来张口。我们对动物的爱不是溺爱，不是把它们当作宠物，当作人类的附属品，而是尽可能地帮助它们保持自然天性。理想的动物园是保护野生动物的"诺亚方舟"，将来如果自然环境得到良好的保护，我们本土的濒危野生动物经过野化训练，是有机会回到野外的。自然界中的每个物种都扮演着不可或缺的重要角色，它们共同维系着生态平衡与和谐，保护野生动物，实际上也是在守护

我们人类自身的福祉与未来。

动物园不是猎奇或者娱乐的地方，而是去感受生命伟大和自然奇妙的场所，是一个能让人与生命共情的地方。生活在城市动物园的野生动物是它们野外同类的宣传大使，人们在欣赏、探寻它们的神奇、美丽、与众不同时，油然而生对大自然的热爱和敬畏，这就是动物园保护教育的萌芽与基石，也是动物园的魅力和价值所在。

比如2021年建成的本土物种保育区，这里没有奇珍异兽，生活着江苏本地就有的动物，诸如貉、黄麂、獐、野猪以及众多鱼、虾、鸟等。它们大多来自坐落在小红山的野生动物收容救护中心，在经过科学评估后，它们已经不适合在野外生活。本土物种保育区的自然、和谐将带领人们找到曾经或一直憧憬的那片共生乐土，从而树立生态保护的理念和信心。

红山动物园也在持续参与野外的生物多样性保护，不仅是南京周边，还有中国其他区域，比如说我们和唐家河国家级自然保护区、高黎贡山国家级自然保护区等相继建立合作机制，探索易地保护。

未来，我们想把红山动物园搭建成自然、文化与艺术融合交流的人文中心，让绿色、环保、低碳的生活方式、思想理念、人文艺术在这里汇聚、碰撞，为我国的生态保护文化发挥应有的作用。

红山动物园园长　沈志军

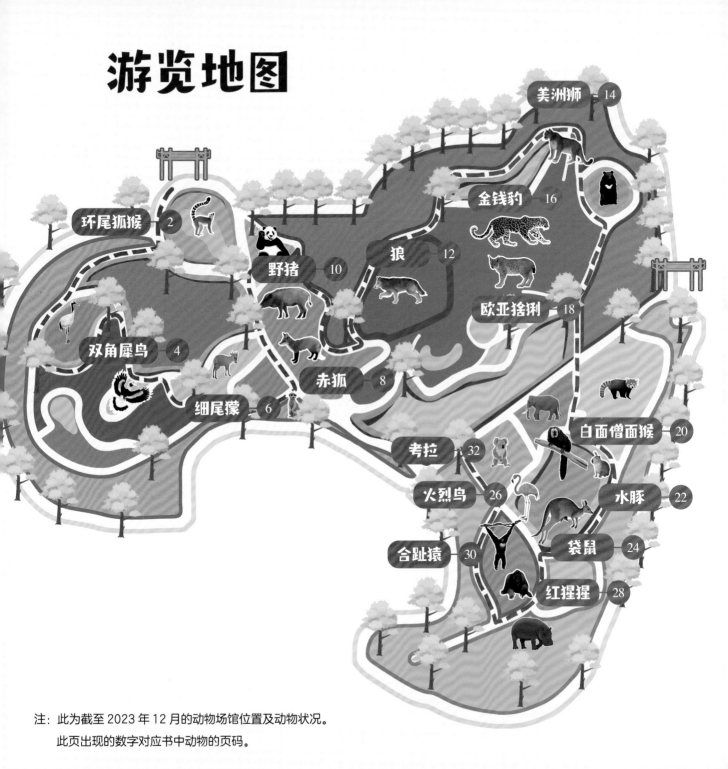

游览地图

美洲狮 — 14

金钱豹 — 16

环尾狐猴 — 2

野猪 — 10

狼 — 12

欧亚猞猁 — 18

双角犀鸟 — 4

赤狐 — 8

细尾獴 — 6

白面僧面猴 — 20

考拉 — 32

火烈鸟 — 26

水豚 — 22

合趾猿 — 30

袋鼠 — 24

红猩猩 — 28

注：此为截至 2023 年 12 月的动物场馆位置及动物状况。
此页出现的数字对应书中动物的页码。

马达加斯加精灵
环尾狐猴

狐猴岛

有着黄眼睛、黑眼圈。

下树的时候倒退着下，因为前肢短小无力。

脸长得像狐狸，所以被称为狐猴。

尾巴比身体长，其上有 11~14 个黑色环纹。

环尾狐猴会常常竖起尾巴，这是它们彼此联络的信号。

大脚趾和其他脚趾分离。

你好，我叫朱利安，我和小伙伴们住在红山动物园的狐猴岛，我可是岛主哟！狐猴岛四面环水，岛上种植了柳树、石榴树、棕榈、南天竹、桃叶珊瑚等植物，美观又实用；铺了石子、树皮、木屑等生物垫料，让我们的脚感更舒服，同时有利于排水、抑菌，维持环境整洁。小岛优美的环境吸引了许多野生动物朋友：绿头鸭、黑水鸡、白胸苦恶鸟等。保育员每天划着小船为我们送来各种时令蔬菜、水果，如生菜、西蓝花、苹果、胡萝卜、猕猴桃、葡萄、圣女果等，应有尽有。电影《马达加斯加》中朱利安国王的原型就是我们。

雌猴当家

在野外，我们环尾狐猴是母系社会，群体中有严格的等级制度：在食物和空间支配方面，"女性至上"，年长的雌猴地位最高。通常由女王负责指挥群体行动，保护领地的责任往往也由雌猴来承担。雌猴和幼崽还享有不少特权，只有在繁育期，雄猴才能和雌猴平起平坐。雌猴会终生留在原来的群体中，而雄猴则游走于各群体间。

太阳崇拜者

每天早晨太阳升起来后，我们就会面朝太阳"打坐"——四肢摊开，面向太阳一动不动，好像在虔诚膜拜，因此又被称作"太阳崇拜者"。其实我们是在享受日光浴，因为夜间气温下降，我们腹部的皮毛较薄，早晨要让阳光给我们的腹部等部位加温，让身体快速暖和起来。

以臭为傲

我们身上有三处臭腺，分别位于腋窝、肛门和腕关节内侧。臭腺能分泌一种臭液，我们将其作为路标和领地标记。遇到危险时，我们会摩擦臭腺，并用大尾巴不断地把臭气扇向敌人，进行"臭气攻击"。雄猴的臭腺比雌猴要更加发达，臭腺越发达的雄猴越受雌猴欢迎。特别是到了繁殖季节，雄猴会用臭液涂抹全身。雄猴之间要展开激烈的"臭气战争"，胜利者才能获得雌猴的青睐。

3

忠贞不渝的爱情鸟
双角犀鸟

你好，我叫欢欢。我是一个非常友善的女孩子，对这个世界充满好奇，很喜欢观察和互动。我们头上有一个像铜盔一样的头冠，叫作盔突，盔突中间内凹，在前端形成两个角状突起，因此我们被称作双角犀鸟。我们的寿命一般为三四十年，在鸟中算是长寿的。我们是国家一级保护动物。

雌性和雄性都有长长的眼睫毛，能够保护眼睛。

上喙黄色，尖端橙红色；下喙白色。

由于翅膀下的羽毛比较少，所以飞翔时扇动翅膀会发出很大的声音。

腿毛茸茸的。走路一蹦一蹦的。

有4个脚趾，3个向前，1个向后，方便抓握。

雄性与雌性的区别

雄性	雌性
红色眼睛	白色眼睛
盔突前后端为黑色	盔突前后端为橙红色

干饭的快乐

我们属于杂食性鸟类。在动物园里，我们的食物非常丰富。每天上午保育员将米饭、弄碎的蔬菜、蛋黄以及营养膏等按一定的比例混合在一起，捏成饭团作为我们的主食。我们的"下午茶"主要为葡萄、圣女果等新鲜水果和蔬菜，这些食物便于抛食。由于我们的嘴较大，抛食会让我们吃得更舒服，也增添了进食的乐趣，还能锻炼我们身体的协调能力。另外，我们偶尔会捕捉昆虫、老鼠、蜥蜴、小鸟等小动物。

特别的"装备"

我们成年后，嘴巴大约有 30 厘米长，头上的盔突看起来也很宽大，它们并不重，都是中空的。但是大嘴和盔突的外壳非常坚硬，方便我们取食；在遇到危险时，我们还可以把它们当作武器；另外，我们的盔突还有扩音的效果，能将我们的叫声传得更远。

"闭关"养娃

我们对爱情非常忠贞，一生只有一个伴侣。在繁殖期，我们会在高大的树木上挑选一个树洞。犀鸟妈妈住进洞里后，会拔掉自己的毛做巢；产卵后，夫妻还会合力用泥巴、犀鸟妈妈的排泄物混合种子、木屑等材料堵住洞口，只留下一个小孔用来送食物。这样既安全又舒适，有利于保护雏鸟免遭蛇类、猴类和猛禽等的伤害。在孵卵、育雏的 100 多天里，一家人的吃饭问题就都要由犀鸟爸爸来解决了。

荒漠精灵
细尾獴

细尾獴馆

眼睛周围有一圈黑色的、小小的、在它们挖洞的时候能闭合起来，以避免沙子进入。

眼睛周围有一圈黑色的暗斑，类似于人类的墨镜，使得它们在强烈的阳光下也能看清东西。

擅长打洞，网状地洞像迷宫一样，在地面有很多个出入口。洞内还设计有专门的"育婴室"和"卧室"。

前肢和后肢各有4指（趾），弯曲的爪尖有2厘米长。只要20秒，就能挖出和自身体重等重的沙子。

尾巴细长，尾巴尖是黑色的。在直立时，细尾獴用尾巴支撑身体来保持平衡。

你好，我叫小王子，是2019年出生的雄性细尾獴。迪士尼动画电影《狮子王》中丁满的原型就是我们。在红山动物园的细尾獴馆，住着两个獴家族，我属于"北半球"的1号群体。细尾獴家族是母系社会，我的妈妈是我们家族的女王。我们的家乡在南非，所以我们喜欢阳光，害怕湿冷。

团结协作的大家庭

我们是高度社会化的动物，家族成员分工明确。在野外，除了要面对极端天气，还要躲避天敌，个体很难生存。在细尾獴家族中，每一个成员都要学会团队合作：由女王统领家族，其他成员担任哨兵、保姆、工兵等角色，分别负责站岗放哨、照顾獴宝宝、挖洞建造家园等工作，共同维护大家庭的稳定。

无所畏惧的斗士

我们的主要食物是昆虫，偶尔也会吃植物以及蜥蜴、蜘蛛、小型哺乳动物等。因为我们对毒素免疫，所以也能吃蝎子、毒蛇等有毒的动物。在动物园里，我们每天会吃约 75 克的虫子、瘦肉等食物，也非常喜欢吃蟑螂。

都是投喂惹的祸

"南半球"的 2 号群体中的可乐，突然有一天瘫倒在地，症状很像人类中风：四肢活动不协调，基本上站不起来，脑袋总是不自觉地摇晃，连吃东西都很艰难。这是怎么了呢？原来，可乐非常贪吃，它总吃游客投喂的高油脂、高糖分食物，导致体重高达 2 千克，而细尾獴的正常体重还不到 1 千克，可乐属于重度肥胖了。不健康的食物会让动物们生病甚至死亡。后来经过一系列艰难的康复训练，可乐终于恢复了健康。爱护动物，请不要随便投喂！

分布最广的犬科动物之一
赤狐

你好，我叫麦子，我和雌性赤狐麦穗一起生活在红山动物园的本土物种保育区，我是这个区的第一个居民。在我很小的时候，一位好心的奶奶在路边救了我。那时候的我毛色黑黑的，奶奶以为我是一只小狗，就把我抱回了家。可是养着养着，奶奶发现我的耳朵越来越大，尾巴越来越长，毛色由黑转红，越来越不像狗了，就把我送到了救护中心。麦穗和我有着相似的经历，我们很可能都是非法宠物贸易的受害者。

耳背上部是黑色的，与头部毛色明显不同。

赤狐是体形最大、最常见的狐狸。

四肢呈黑色。尾巴较长，尾毛蓬松，尾尖白色。

赤狐是夜行性动物。

吻部又尖又长。

8

用于防身的"狐臭"

在我们的社会中，气味具有重要的交流作用。我们会用粪便和尿液标记领地，以警告其他赤狐不要侵犯。在繁殖季，气味也可以吸引配偶。另外，我们的尾巴根下面有尾下腺，能分泌一种特殊物质，发出"狐臭"。这恶臭的气味会迫使追击者停下来，从而保护我们自己不受天敌伤害。

独门绝技——跳扑

跳扑是我们在雪地中捕食的绝技。冬天，寒冷地区的地表会被厚厚的积雪覆盖，为了捕食在雪下行动的鼠类等动物，我们会凭借超强的嗅觉和听觉确定猎物的位置，然后后肢突然发力，高高跃起，在半空中调整姿态，变成前肢朝下的状态，然后以跳水运动员入水的姿势，将头部和前肢插入雪中，直接扑向猎物。

爱我请不要家养

我们是国家二级保护动物，即使通过正规渠道合法购买，个人饲养也需要办理各种许可证，比较麻烦，而且一般的家庭不具备驯养条件。我们充满野性，饲养人员易被咬伤、抓伤，且有感染狂犬病毒的风险。我们身上的特殊气味也很难去除，还可能会携带病菌，并不适合家养。另外，大多数经过多代人工选育的狐狸会失去在野外生存的能力，如果被遗弃将很难存活。

森林翻土机
野猪

野猪宝宝的毛色为浅棕色，有黑色条纹。

擅长游泳。

雄性的犬齿一生都在生长，外露，并向上翻转，呈獠牙状。雌性的犬齿较短，不露出嘴外，但也具有一定的杀伤力。

颈部至背脊生有鬃毛。

吻部比家猪长，方便掘地找食物。

四肢为黑色。

你好，我叫乙事主，也是我们小家庭的一家之主。我的妻子叫莫娜，它和我们的女儿在一起生活，游客很少能看到我们同框。保育员经常让我们交换场地，每次交换，我们都会不停地嗅闻，了解彼此留下的信息。我们是从南京城区被救助到红山动物园的，顺理成章地住进了本土物种保育区，希望大家多多关注本土物种。

"猪丁兴旺"

我们的适应能力超强，除了青藏高原与戈壁、沙漠外，在中国境内广泛分布。我们是杂食动物，只要能吃的东西都吃。我们繁殖能力很强，一胎产 4~12 头小崽，处于繁殖旺盛期的雌性野猪一年能生两胎，加之天敌虎、豹、狼等数量锐减，所以我们数量增长很快。我们成年后体长为 1.5~2 米，体重能达到数百千克，奔跑速度可达 40 千米 / 时。雄性野猪有长而有力的獠牙，可以作为武器。我们的嗅觉比狗还灵敏，听觉也很敏锐。

森林义工

我们对森林生态系统有着重要的作用：我们进食和活动可以帮许多植物传播种子；冬天在雪厚的地方，我们经过时能为其他动物开辟通道，并使食物暴露出来；我们翻土拱地，可以疏松土壤，防止板结，增加土壤的透气性；我们大量啃食林下灌木，可以调节森林密度……在红山动物园，有的时候能在其他场馆看到小野猪，它们"遛弯儿探索"的同时，还能给其他场馆翻地，保持土壤健康。

路遇野猪莫惊慌

现在在乡下甚至城市中，人们遇见我们的频率越来越高了，比如在南京，野猪也是"土著"。我们频繁出现，与季节、种群增长以及城市扩张有密不可分的关系。倘若路遇野猪，应保持冷静，不打扰，不投喂，保持距离，安静地离开，必要时拨打 110 报警求助。

你好，我叫史丹利，在新一轮的狼王争夺赛中，我凭借雄厚的实力，晋升为新狼王，不仅被众狼拥戴，还赢得了"女神"佳佳的芳心。但是听说江湖上有不少关于我们的不好的传说，认为我们是邪恶、狡诈的动物，什么"狼狈为奸""狼心狗肺"……哎呀呀，简直不堪入耳。其实我们聪明又团结，还起着抑制食草动物种群数量增长过快、维护生态系统整体平衡的作用。我们是国家二级保护动物。

狼是铜头铁腿麻秆腰，腰部比较脆弱。

狼是犬科动物中体形最大的野生动物。

狼的尾巴通常是下垂的，而不会像狗那样上翘、摇动。

狼宝宝的眼睛是蓝色的。

前肢5指，后肢4趾，爪尖不能收缩。狼走路靠指（趾）而不是爪垫。

等级制度森严

我们是群居动物，一个狼群通常由5~10个成员组成，包括狼王、狼后、小狼和其他成年狼，等级制度森严。狼王是狼群的核心，无论是捕杀猎物还是与其他狼群或动物发生冲突，狼王都要带头冲锋陷阵。当然，狼王在狼群中也拥有至高无上的权力，捕获猎物后，狼王最先享用，然后是哺乳期的雌狼和小狼，其他成员按等级高低依次进食。如果猎物不充足，狼群中只有狼王和狼后可以生育小狼。

合作狩猎

狼群成员的集体意识与合作精神特别强，在野外捕猎时，常常采取分工合作的方法，根据不同的环境和猎物选择最有效的狩猎方式。比如在追捕野兔时，经常采用接力狩猎的方法，轮流追击，直到野兔筋疲力尽，束手就擒。冬天来临，鹿、野羊等大型食草动物就成了狼的主食，一旦发现猎物，比如鹿群，狼群立即散开，成年狼率先冲进鹿群。趁鹿群队形散乱之际，选中最弱的一只，一哄而上将其团团围住，分别扑咬鹿的不同部位。

狼嚎的秘密

狼群习惯于夜间活动，傍晚后，常常成群结队出来觅食，边走边嚎叫，这是我们相互联系的信号。当一只狼开始嚎叫，其他成员便会应和，集合后一起狩猎。嚎叫声也可以把陌生的狼从自己的领地里赶走。在繁殖期，我们也发出嚎叫来寻找配偶。嚎叫时，我们会仰起头，张开嘴巴，这样声音传得更远。

猫亚科中的战斗力天花板
美洲狮

猫科星球

你好，我叫布鲁斯，来自美洲，现在住在红山动物园的猫科星球。我是一个性格独立、憨厚朴实、大大咧咧的男孩子，好奇心很强。刚来到新家的时候，保育员贴心地为我和小伙伴朵拉布置了很多低矮的栖架——坡度平缓、高度不同，为的就是在保证我们安全的同时，鼓励我们四处探索，充分融入这个环境像乐园的展区。我也喜欢通过展区的玻璃观察游客，对小朋友尤其感兴趣。

耳朵背面有黑斑，和狮子相似。

眼内侧和鼻梁骨两侧有明显的泪槽。

美洲狮宝宝身上有黑斑，随着成长慢慢消失，成年后全身为浅灰棕色。

四肢和尾巴又粗又长，后腿比前腿长，这使它们能轻松跳跃并掌握好平衡。

爪宽大有力，有利于攀岩、爬树等。

14

叫狮不是狮

我们的学名叫美洲狮，但我们并不是狮子。狮子属于猫科动物中的豹亚科，而我们属于猫亚科，和家猫的亲缘关系比狮子还要近。我们的体形比狮子小，没有鬃毛，长相和狮子差别也很大。要说相似之处，那就是我们和狮子一样，都是单色的大型猫科动物。我们善于游泳和爬树，奔跑速度快，跳跃能力极强。

不会咆哮的"大猫"

在老虎、狮子、金钱豹、雪豹、猎豹、美洲狮这几种"大猫"中，只有前3种会咆哮。而我们由于声带相对较小，难以承受较大的气流压力，同时舌骨不够灵活，所以只能发出相对柔和的声音。我们也会像家猫一样发出咕噜声。

"美食社交"

大部分猫科动物都是独居者，我们也是。一年中，雌雄美洲狮只在繁殖期短暂地聚到一起，共同生活两个星期左右，此后又各自独立生活。美洲狮宝宝由妈妈抚养长大。研究人员发现，我们虽然是独居动物，但是也会和同类分享食物，这种现象被称为短暂集群。青壮年群体中，雌性美洲狮更愿意与其他美洲狮进行"美食社交"，而雄性美洲狮更愿意与配偶、孩子及其他雌性分享食物。将吃不完的美食分享给同类可能会获得回报，同时还能避免一场争斗，何乐而不为呢？

迷人的"大猫"
金钱豹

身上密布圆形或椭圆形黑褐色斑点和古钱状黑环，因而得名。

在中国，金钱豹是分布最广的"大猫"。

头相对较小，尾巴较长。

你好，我叫越越，出生于 2011 年，是一只被大家盛赞"残缺美"的金钱豹，我和欧亚猞猁、豹猫共同生活在红山动物园的中国猫科馆。2021 年，中国猫科馆被 ZooLex 收录。ZooLex 是一家专门收录世界顶级优秀动物园展区的网站，此前中国只有香港海洋公园的熊猫馆被收录，这标志着中国猫科馆的设计水平进入世界先进行列。我们在这里展示着丰富的自然行为，大家都说这里让人流连忘返。我们是国家一级保护动物。

前肢 5 指，后肢 4 趾，爪尖能伸缩。

会通过喷射尿液、在树皮上留下抓痕、在地面用后足蹬出刨痕等方式标记领地。

充满魅力的"大猫"

猫科动物尤其是"大猫"人气很高，可能因为我们危险又迷人吧！我们的豹纹尤其引人注目。我们也是具有超多本领的实力派。我们的视觉、听觉、嗅觉都十分敏锐，攀爬、跳跃能力很强，甚至能在树枝上稳健地走"猫步"，但不喜欢游泳。我们不仅可以在平地轻手轻脚捕猎，还经常藏身在高处，暗中观察，突袭猎物。我们对气味很敏感，你可能想不到，我们还喜欢独特的气味，比如香水。不同的豹子喜欢不同味道的香水，碰到自己喜欢的气味，我们就会在喷有香水的物体上面磨蹭、打滚儿，想让自己身上沾满这种气味，保育员调侃这是我们的"快乐水"！

"残缺美"

在我 4 岁的时候，与隔壁的动物有过一次冲突，导致右前肢受伤严重，不得不截肢，从此，我就成了"三脚猫"。兽医、保育员对我关怀备至，照顾有加。我恢复得很好，体能并不逊色于伙伴们，搬到新馆后，我是第一只跃上 6 米高栖架的豹子。虽然我缺少了一只腿，但依然坚强、自信、美丽、矫健。工作人员觉得，"不是只有健全的动物才值得被看到"，相互理解，相互尊重，也是动物园传递的美好力量。

给猛兽打针

你害不害怕打针哪？偷偷告诉你，我们这些"大猫"有点儿害怕呢。和你一样，我们也需要接种疫苗，还要接受身体检查。但我们是猛兽，以往工作人员采用吹针方式给我们打疫苗，但是这突如其来的疼痛会使一些"大猫"应激。于是保育员便采取行为训练的方式，让我们慢慢适应并接受肌肉注射的方式，以减轻我们的痛苦。现在，肌肉注射疫苗、无麻醉采血对我来说都是小菜一碟，听说白虎古采尼甚至可以在无麻醉状态下接受 B 超检查，我也要加油啦！

暗夜猎手
欧亚猞猁

你好，我叫小八，出生于 2018 年，是二王的妻子。2022 年 4 月，我们迎来了第一个宝贝，名叫大杠，是个男孩子。第一次当妈妈，我展现出了非常强的母性，对孩子无微不至地照顾，但是在它探索世界时，我选择了放手，只是在它身旁提供必要的保护。2023 年 4 月，我和二王有了第二个孩子，也是个男宝宝，名叫壮壮。我们是国家二级保护动物。

眼周毛色发白。

两颊有下垂的长毛，就像络腮胡。

身体粗壮，四肢较长，体长 85 ~ 130 厘米，属于中型猛兽。

擅长攀爬和游泳。

尾巴短粗，下半部是黑色的。

脚掌特别大，长着浓密的毛，在厚厚的积雪中移动时，就像穿着雪地靴。

"天线宝宝"

我们的耳朵尖上各有一簇长毛，就像两条天线，也像中国戏曲中武将等人物头顶的翎子，为我们增添了几分威严和霸气。最重要的是，毛簇有收集声波的作用，可以帮助我们更好地判断声音的方向，如果失去了它们，会大大影响我们的听力。然而在中世纪的欧洲，因为耳朵上长着毛簇，我们被人臆想为魔鬼的象征，遭到大肆捕杀，几乎野外灭绝。

有勇有谋的猎手

在野外，我们的主要食物是小型哺乳动物，如雪兔等各种野兔，也吃松鼠、旱獭等啮齿动物以及各种鸟类，有时也会捕杀鹿科动物幼崽、野猪崽等。我们的捕猎方式在时间和方法上都很有讲究。我们大多会在夜间捕食，因为这时往往是猎物比较放松的时候。我们就像侦探一样沿猎物行进的小路搜寻；有时也会埋伏在猎物经过的地方，借助草丛、石头、大树等掩体，守株待兔。如果猎物溜走也不会穷追，而是保存体力等待下一次机会。

短尾巴的优势

大多数猫科动物的尾巴都很长，而我们的却是短短的，我们可能是中国猫科动物中尾巴最短的。有科学家推测，这是我们为了适应环境在进化过程中的自然选择，因为长尾巴可能会阻碍我们快速行动。我们主要生活在高纬度或高海拔地区，为了在高寒的恶劣环境下生存，我们进化出了粗壮发达的四肢和宽大的脚掌，这样在积雪中行走的效率更高。另外，我们的食物主要是野兔，捕野兔靠的是敏锐的听力和超强的弹跳能力，所以我们也不太需要维持身体平衡的长尾巴。

雨林飞猴
白面僧面猴

在感到危险或受到惊吓时会弓背耸毛。

你好，我叫杜杜，有人觉得我长相奇特，但是保育员觉得人家很乖巧呢。我和我的妻子花花生活在红山动物园的冈瓦纳展区，我们感情很好，游客时常能看到我们互相理毛。我们性情温和，眼神忧郁，圈粉无数。

一身浓密的长毛。

猴宝宝出生后，会依附在猴妈妈的大腿上；4个月后，宝宝的力气变大了，猴妈妈就开始背着宝宝活动了。

雄猴体毛为黑色，只有面部为白色；雌猴体毛为斑驳的灰褐色，眼下有两条明显的白线。

个头儿不大，体长三四十厘米。雌性的体形比雄性小。

甜蜜生活

我们是一夫一妻制的,雌猴和雄猴会大声"二重奏",声音抑扬顿挫,一方面是增进感情,另一方面也是为了警告外来者。我们的胸部上方有腺体,雄猴会在长有可食用水果的树上摩擦这个部位,留下自己的气味,标记领地,在繁殖季还能刺激恋爱行为。我们有的时候也会"亲亲",其实这并不是真正的亲吻,而是在索取和分享食物。

百毒不侵

我们仅分布于亚马孙河流域的热带雨林中,那里的许多植物、节肢动物等都是有毒的,我们也相应进化出了强大的消化系统,可以分泌多种消化酶,中和有毒物质。另外,我们的肾脏结构也十分复杂,能够把一些无法消化的毒物排出体外。这样一来,原本有毒的食物就变成了我们的美食。

灵活的飞猴

我们几乎终生生活在树上,白天活动觅食。虽然看起来身躯粗壮,其实我们极为灵活,可以在相距 10 米的树枝间跳跃自如,因此在当地又被称作飞猴。我们毛茸茸的大尾巴几乎和身体一样长,在我们跳跃时可以帮助我们保持平衡,但是并没有抓握能力。晚上睡觉时,我们可以把蓬松的大尾巴盖在身上保暖,也可以用大尾巴来驱赶蚊虫。

动物界的"老好人"
水豚

你好，我叫乐乐，我和妻子美美、儿子冬至一起生活在冈瓦纳展区。我们的家有小假山，还有三个相连的小水池，可以供我们游泳、泡澡，水池边的沙滩可供我们打滚儿、晒日光浴，水池旁有形态各异的石头，可以供我们依偎，旁边还有绿树为我们遮阳。展区内还有刺豚鼠和兔子，我们各得其乐，在这里生活得很舒服。

游泳时仅鼻孔、眼睛、耳朵露出水面。

视力不好，听觉和嗅觉敏锐，主要通过声音和气味进行交流。

雄性鼻子上有一个凸起的裸露皮脂腺。

门齿一生都在生长。

觅食、排泄、求偶、交配、睡觉都在水中进行。

没有尾巴。

前肢4指，后肢3趾，趾间有半蹼，适于划水。

温柔友善但也会发脾气

我们是出了名的性情温和，攻击性不强，可以和很多动物和平相处，尤其是一些鸟类。研究显示，我们身上的跳蚤、疥螨、虱子、蜱虫等寄生虫是鸟类的美食。我们当然也有发脾气的时候，这主要发生在同类之间，比如雄性水豚会为了争夺配偶，用发达的门齿咬伤竞争对手。在争夺领地和食物的时候，我们也是不会客气的。带着幼崽的水豚妈妈很警觉，一改与世无争的常态。

我的便便有营养

和大多数食草动物一样，我们不能依靠自身的消化酶来完全分解食物中的纤维，需要借助消化道微生物。我们胃肠道内的细菌和真菌能够使纤维素发酵，将它们分解为我们可吸收的挥发性脂肪酸、维生素和微生物蛋白等营养物质。但是我们的吸收能力不强，便便里面还含有不少氨基酸、维生素、脂肪酸、微量元素等。为了避免营养物质白白流失，我们有的时候会吃自己的便便。

长大不容易

我们是现存最大的啮齿动物，体长能达到 1.2 米，体重 50 千克。成年水豚的天敌不多，主要是美洲豹和凯门鳄。水豚宝宝就比较脆弱了，可能会被大型蛇类、猛禽、猫科动物、犬科动物捕食，水豚宝宝只有三分之一能活过一年。我们擅长游泳，能潜水，遇到危险时会迅速跳进水中逃跑。

跳高、跳远双料冠军 袋鼠

冈瓦纳展区

你好，我叫小不点，出生于2019年，是个小男生。我和我的好朋友老大、胆小鬼一起生活在冈瓦纳展区，和鸸鹋、黑天鹅等其他来自大洋洲的动物是邻居。我们可是大洋洲特有的物种，也是澳大利亚的国兽。红山动物园的袋鼠种群在全国都很有名，向国内其他动物园输出了多只袋鼠。

袋鼠的尾巴又粗又长，长满肌肉。袋鼠休息和打斗时，其尾巴可以支撑身体，成为第5条"腿"；在袋鼠跳跃时，尾巴上下摆动，起到平衡的作用。

袋鼠跳跃时，前肢不着地。绝大多数的袋鼠是左撇子。

袋鼠走路时，先用前肢和尾巴支撑住身体，然后两条后腿同时向前移动。袋鼠还会游泳。

袋鼠妈妈的育儿袋

只有袋鼠妈妈才有育儿袋，袋鼠爸爸是没有的。育儿袋是由皮肤皱褶形成的袋，一般有袋骨支撑。袋鼠妈妈有两个子宫，一侧子宫里的袋鼠宝宝刚出生，另一侧的子宫可能又有了小宝宝。袋鼠宝宝刚出生的时候还不到3厘米长，发育不完全，看起来就像一粒花生米，没有毛，眼睛也没睁开，只能凭借嗅觉，一点一点地爬到妈妈的育儿袋中。袋鼠宝宝要在妈妈的育儿袋里待上半年左右，才开始出来活动。

"拳击手"

虽然我们的前肢相对短小，但是在搏斗的时候，也可以像人类打拳击那样击打对方。如果拳击难分胜负，我们还可以用粗壮的尾巴支撑身体，然后抬起双腿腾空一踢，因为我们的后腿很发达，被踢中的话将会受到重创，甚至有人类曾被袋鼠袭击身亡。

跳高、跳远健将

别看我们成年后体形很大，可是非常灵活哟。我们的后腿强壮有力，后足很长，最高可跳到4米，最远能跳13米，前进速度最快可达每小时60多千米。我们的尾巴又粗又长，长满肌肉，在我们跳跃过程中，尾巴能起到平衡身体的作用，帮助我们跳得更快、更远。但是我们只能往前跳，不能往后跳。

动物界的"时尚达人"
火烈鸟

冈瓦纳展区

你好，我们是大家熟知的时尚标杆——火烈鸟。火烈鸟是 6 种红鹳的别称，我们是美洲红鹳。我们是寿命最长的鸟类之一，通常为 20~50 年，目前有记录的世界上最长寿的火烈鸟是 83 岁去世的。我们的腿上都戴着脚环，它们是我们的身份证。我们胆小机警，总是一起行动：散步、洗澡、休息……所以大家总能看见一片红色。游客们喜欢给我们拍照，我们高挑的身材、出众的颜值让人赏心悦目。

火烈鸟宝宝是灰白色的，嘴不弯曲。

嘴短而厚，上喙从中部开始向下弯曲，尖端为黑色。

脖子长，常弯曲成 S 形。

全身就像一团熊熊燃烧的烈火，非常艳丽，因此得名火烈鸟。

喜欢结群生活，往往成千上万只，甚至十万只以上聚集在一起。

腿又细又长，是肉粉色的。

脚为红色，三趾向前，趾间有蹼，后趾退化。

粉色精灵

其实我们羽毛艳丽的粉红色并不是天生的，而是后天从食物中获取的。我们的食物主要是藻类和甲壳动物、浮游生物等，其中富含虾青素。虾青素日渐积累，就会使我们的羽毛逐渐变成粉红色，颜色越鲜艳代表身体越健康。如果某段时间我们摄入的虾青素少了，羽毛就没有这么艳丽了。我们小时候是灰白色的，这种保护色方便我们隐蔽，不被天敌发现。在2岁左右，我们就开始变色啦。

像大筛子似的喙

很多鸟上喙较厚下喙较薄，而我们刚好相反，较薄的上喙嵌在厚实的下喙中，上下喙的内侧边缘都有像梳子一样的栅板。进食时，我们头部倒垂向下，没入水中，上喙在下，下喙在上，喙尖朝向身体，我们一边走一边用弯曲的喙左右扫动捞取食物。我们的喙就像一个大筛子，可以让水快速地流进来、滤出去，并使食物留在嘴里。另外我们的舌头很大，也可以帮助将水压出，同时防止吞食大块物体。

金"鸡"独立

我们有站立休息的习惯，因为在野外，我们常常会遇到敌害，如果卧在地上休息，一旦天敌来了，我们很难迅速逃跑。我们能单腿站立几个小时不用换腿，是因为单腿站立不需要任何肌肉发力，甚至死去后也能单腿平稳站立。反倒是双腿站立时需要肌肉发力，单腿站立时我们并不累。单腿站立也是为了保暖，我们细长的腿部最容易损失热量，单腿站立时，我们可以把另外一条腿藏在羽毛下面，这样可以减少散热面积，保持温暖。

雨林守护者
红猩猩

你好，我叫小黑，出生于 1989 年，是红猩猩中的婆罗洲猩猩，2014 年 5 月从台湾屏东科技大学保育类野生动物收容中心远道而来。从年龄来说，我已经是一个大叔了，不过我的身材还是很标准的，我性格温柔，不急不躁。和我一起生活的还有我的妻子小律，它来自上海动物园，我们生育了两儿一女，还有一个干儿子——乐乐，它也是被救助后来到红山动物园的。我们在这里生活得很幸福。

在群体中担任首领的成年雄性的脸侧具有叶状的厚肉垫，同一区域内的其他雄性红猩猩则没有，这是一种地位的象征。

雄性具有喉囊，充气后鼓起很大，发声时起共鸣作用。

与大猩猩、黑猩猩不同的是，红猩猩不群居。

在灵长类动物中，红猩猩体形仅次于大猩猩。雄性比雌性大很多。

28

"森林中的人"

我们是世界上最大的树栖哺乳动物，成年后体形庞大，雄性身高可达 1.4 米左右，臂展有 2.4 米，大概是身高的 2 倍。手臂又长又粗，力气非常大，这是为了适应长期的树栖生活。我们是爬树能手，善于在树间穿行，可以在树上吃，在树上睡。我们长长的手臂能伸得特别远，长长的手指可以抓牢粗大的树枝，大脚趾能像大拇指一样与其他脚趾对握，所以也能用脚抓住树枝。我们的名字在马来语和印尼语中的意思就是"森林中的人"。

消失的家园

曾经，我们自由自在地生活在富饶的雨林中，那儿是我们觅食、筑巢、嬉戏的天堂。但如今，雨林的平衡已经被打破。当地的棕榈油公司为谋取利益，砍伐原始热带雨林来大面积种植油棕树，不计其数的动物被野蛮驱逐甚至杀害，雨林里的红猩猩也面临着巨大的生存威胁。在过去的 60 年里，婆罗洲猩猩数量减少了近三分之二，主要原因就是热带雨林栖息地的消失，而非法盗猎、宠物贸易及火灾更是让我们的境遇雪上加霜。我们是亚洲唯一的大型类人猿，还请大家多多关注我们！

猩猩艺术家

平时保育员和兽医会对我们进行行为训练，我会主动伸出手臂让兽医采血，张大嘴巴配合检查口腔，让兽医摸摸肚子，做日常检查。这些技能对我来说简直太基础了，于是保育员决定教我画画。在国际猩猩专家的指导下，保育员把笔刷递给了我，引导我在白纸上自由发挥，我很快就明白了保育员的意思，经过一个星期的学习，我就能熟练地使用笔刷了。我挑选自己喜欢的颜料，并逐渐形成了自己独特的画风。我和小律积累了很多作品，红山动物园将我们的优秀作品结集出版、开办画展、做成文创产品，受到粉丝的追捧，这些收益都被用于提升我们的生活品质。

体形最大的长臂猿
合趾猿

身高最高为 1 米，臂展可达 1.8 米，体重为 10~16 千克。

合趾猿是一夫一妻制的日行性动物。

体毛黑色，雌雄同色，在长臂猿中比较少见。

不啼叫时，喉囊是瘪的。

你好，我叫伊曼，我和妻子奥斯卡生活在红山动物园的亚洲灵长区。奥斯卡比我大一岁，是个风风火火的"女汉子"，比我还要强壮一点儿。人们说我怕老婆，俗话说"打是亲骂是爱"嘛，我们俩的感情是非常好的。2022 年元旦，我们的宝贝儿子奥曼出生了！二猿世界也变成了三猿之家。

第二和第三脚趾连在一起，所以被称为合趾猿。

精挑细选的伴侣

大多数长臂猿是一夫一妻制的，家庭观念很强。我们合趾猿在组建家庭时，对伴侣的选择很挑剔。由于动物园中饲养的长臂猿种群数量有限，为我们张罗猿生大事时，保育员们会慎之又慎，也颇为头疼。为了保持长臂猿的基因多样性和种群的健康延续，动物园通过现代分子生物学技术对我们的遗传信息加以分析、管理并进行科学配对，简单地说，就是避免近亲繁殖，好让我们长臂猿家族健康地繁衍下去。现代技术为野生动物的保护、繁衍等提供了技术支持，真是件了不起的事！

爸爸也带娃

要知道，奥斯卡之前可是个风风火火的"女汉子"，但是有了娃之后，它照顾宝宝特别有耐心，情绪也很平和。当然，我也是个好丈夫、好爸爸，在奥曼出生当天，我陪产陪了一整夜；在奥曼出生第 4 天，我就开始给奥斯卡和宝宝理毛；第 7 天，我和奥斯卡就恢复了夫妻二重唱。我也会和奥斯卡一起带娃，奥曼小的时候，会紧紧抓着我的腹部，随着我荡来荡去，就像人类在游乐场里玩大摆锤一样。奥曼渐渐长大，和我在一起玩耍的时间越来越长，我们俩追逐嬉戏，在栖架上快速臂荡，有种跑酷的感觉。

自带扩音器

我们的脖子上有一个大喉囊，雌性和雄性合趾猿都有。喉囊具有共鸣腔的作用，当我们啼叫时，它会像气球一样鼓起来，能鼓到和我们的头一样大，可以将我们的叫声放大至几千米外都能听见，以此向周围的邻居宣示领地，有时还会得到邻居的回应。遇到危险时，我们还可以用这高亢嘹亮、具有威慑力的猿啼警示敌人。

不爱喝水的睡神
考拉

考拉馆

你好，我叫柠檬，是一个活泼好动、非常可爱的女孩子。2018 年，我的爸爸梧桐和妈妈茉莉从澳大利亚漂洋过海来到南京，在同一年，我出生了。现在，我还有了弟弟橙子和妹妹青柑。我们可是中国大陆公立动物园中唯一的考拉家庭呢！

下树的时候倒退着下。

成年雄性考拉胸前有一道竖向的棕黄色胸腺，雌性没有。

考拉有两个大拇指，和另外三个手指对握，抓握更牢固。考拉有与人类相似的指纹。手掌心是黑色的。

考拉没有尾巴，所以又被称为"无尾熊"。它们的臀部被厚密的皮毛包裹，自然形成了一个"坐垫"，使它们可以坐在坚硬的枝干上舒舒服服地睡觉。

大脚趾没有爪尖，二、三脚趾连在一起，大脚趾能和其他四趾对握。

32

爱吃桉树叶的睡神

我们平均每天要睡 20 小时左右，这与我们
吃的桉树叶有关。我们成年后每天能吃一斤
左右的桉树叶，然而高纤维、低热量的桉树叶
含有毒素，好在我们体内有一种酶，可以分解桉树叶中的
有毒物质。桉树叶所能提供的能量有限，所以我们尽可能
减少活动量，大部分时间处于休息状态，基本不下地喝水，
以节省体能。我们的英文名称源自澳大利亚土著语 gula，
意思就是"不喝水"，我们只有在生病和干旱的时候才下
地喝水。

"对唱情歌"

我们是通过"对唱情歌"的方式寻找爱侣的。在春夏之季，雄性
考拉会发出像猪叫一样的咆哮声，因为这种叫声频率低，在野外，
能传遍整个桉树林。这种叫声还能起到宣示领地、吓退对手的作
用。雌性考拉擅长"听声识考拉"，通过对方的叫声来判断其是
否强壮、体形够不够大，如果符合要求，也会通过叫声来回应"意
中人"。完成交配后，我们便恢复独居生活，由雌性考拉将宝宝
带大。

开口向下的育儿袋

我在妈妈肚子里待了 35 天左右就出生了，刚出生时我只有 2 厘米长，凭着发达的嗅觉、
触觉和有力的四肢爬进妈妈的育儿袋里，吃母乳慢慢长大。到 22 周大时，我睁开了眼睛，
把头探出袋外。同时，我会吃一种特别的食物——从妈妈的泄殖腔排出的半流质物质，
里面富含帮助我消化和解毒的肠道微生物。我们并不是天生就能吃桉树叶的，全靠这些
肠道微生物。妈妈的育儿袋开口向下，方便我们吃这种食物。经过了培养肠道微生物的
过渡期，我们就能直接吃桉树叶了。

给生命以自由——野生动物救护

动物园不仅仅是展出动物的场所

动物园不仅有饲养野生动物并对公众展出、教育、科学研究、动物保护的职能，一些城市动物园里还有野生动物救护中心。江苏省暨南京市野生动物收容救护中心（以下简称救护中心）坐落在小红山的一个角落里，入口很不起眼儿，里面却别有洞天。救护中心里的野生动物可能是受了伤，也可能是生了病，总之它们或在野外或在城市中，被人们发现处于异常状态，于是就被送到了救护中心。

救护中心一年会接收上千只动物，其中有因非法买卖被罚没的，也有作为宠物而后被遗弃的。这不但给救护工作带来了人力、资金、空间、技术等多方面的压力，也在一定程度上影响了本土野生动物的救助。野生动物不属于城市，也不属于任何一个人。野生动物与我们家养的宠物有很大的区别，它们不习惯生活在人类身边，也无法按照人类的生活习惯来调整自己的生活习性。因此，不要因为野生动物可爱，就想把它们当作宠物养在身边，这有可能还会触犯法律。

也不要随意放生。如果将野生动物放生到不适宜它生存的野外环境，可能导致其无法生存而死亡；如果将不是原产自本地的野生动物放生到本地的野外环境中，不仅会造成新物种与本地物种争夺生存空间，还可能形成外来物种入侵，导致本地物种退化甚至灭绝；此外，随意放生还可能助长不法分子以此为业，通过非法猎捕、倒卖、放生动物而谋取利益。

救护中心动物的去向

让可以回到野外的野生动物重返野外，是救护中心工作的第一目的。这里有专门的两栖爬行类、鸟类、兽类救助区，以及动物的正常饲养区、野化训练区、软放飞区等各种功能区。这里的动物们都没有名字，虽然在救护中心吃得好、喝得好，没有烦恼，但是这里并不是最适合它们的生活环境。野生动物属于大自然，只有在大自然中，它们才能享受真正的自由，做最真实的自己。

救护中心每年都会救助很多很多的小猫头鹰，为此，救护中心创办了猫头鹰学校，让它们可以在这里学习飞翔。这些小猫头鹰的飞行技巧纯熟后，毕业时间就到了。猫头鹰是夜行性猛禽，因此工作人员会选择夜晚在合适的地点进行放归。

因来源和伤病、捕食能力、生活环境等无法回归野外的动物，会被列入动物园的展出计划或科研、保护项目等。

普通人这样救护野生动物

1. 如果在小区或者公园里发现刺猬、蜥蜴等野生动物，不要强行把它们抓回家里救护。

2. 春天是大多数鸟类育雏的季节，如果发现了幼鸟，并确认它没有受伤的话，最好不要挪动它，可能亲鸟就在附近。可以将幼鸟转移到隐蔽的地方，以避免猫、狗等动物的威胁。然后离开一段距离，观察是否有鸟妈妈来救它。

3. 如发现受伤、受困的野生动物，请第一时间联系当地的野生动物保护机构，避免与动物直接接触。

4. 如需接触野生动物，请务必做好防护，如戴口罩、手套等。无防护条件的应在救助后尽快清洗手、脸等暴露部位。

5. 无法辨认的野生动物，不要自行放生，应交由有关部门处理。

北门湖的小生态

动物园不仅是圈养动物的家，也是很多野生动物的家园。北门湖这片小微湿地，充满了自然的野趣：普通翠鸟从水边芦苇上快速俯冲到水里，叼起一条小鱼，在树枝或石头上反复摔打，把鱼摔晕后再一口吞下；小䴙䴘在水面自由地游弋，忽然不见了踪影，不一会儿，又从另一处水面钻出来，嘴里已经有了一条小鱼……

2022年，红山动物园启动了对北门湖的生态修复，减少人为干扰，依靠自然本身的自我调节，恢复湿地生物多样性。工作人员在北门湖西侧水域保留了一块自然区域，不打草。这里可以容纳那些看似杂乱其实蕴藏勃勃生机的元素：芦竹、灌丛等遵循自然法则枯死、倒伏，水草在水面肆意生长，岸边杂草丛生……

如今，黑水鸡、小䴙䴘、斑嘴鸭、绿头鸭、棕背伯劳、苦恶鸟等鸟类在这里繁殖育雏；鱼儿自在地游来游去；黑丽翅蜻、红蜻、玉带蜻、碧伟蜓等翩翩飞舞；蛙声阵阵，蝉鸣声声……在北门湖北坡草坪划定的生态保育区，一年就记录了30余种本土草本植物、60余种本土昆虫。这里一片生机盎然！

大自然的平衡就由大自然自己来维持吧，希望你来游园时，不要投喂水鸟，不向湖中放生任何鱼类、龟类，尊重一草一木，一鸟一兽。